国家出版基金项目
NATIONAL PUBLICATION FOUNDATION

"十三五"国家重点图书出版规划项目
2019年度国家出版基金资助项目

AR全景看·国之重器
C919大飞机

于向昀 著/刘　洪 主编/张　杰 总主编

北方联合出版传媒（集团）股份有限公司
辽宁少年儿童出版社
沈阳

图书在版编目（CIP）数据

C919大飞机 / 于向昀著；刘洪主编. -- 沈阳：辽宁
少年儿童出版社，2020.6（2023.6重印）
（AR全景看·国之重器/张杰总主编）
ISBN 978-7-5315-8408-7

Ⅰ.①C… Ⅱ.①于… ②刘… Ⅲ.①大型—旅客机—
中国—少年读物 Ⅳ.①V271.1-49

中国版本图书馆CIP数据核字（2020）第085773号

C919大飞机
C919Dafeiji
于向昀 著 刘 洪 主编 张 杰 总主编
出版发行：北方联合出版传媒（集团）股份有限公司
　　　　　辽宁少年儿童出版社
出 版 人：胡运江
地　　址：沈阳市和平区十一纬路25号
邮　　编：110003
发行部电话：024-23284265　23284261
总编室电话：024-23284269
E-mail:lnsecbs@163.com
http://www.lnse.com
承 印 厂：鹤山雅图仕印刷有限公司

策　　划：张国际　许苏葵
责任编辑：武海山　梁　严
责任校对：段胜雪
封面设计：精一·绘阅坊
版式设计：精一·绘阅坊
插图绘制：精一·绘阅坊
责任印制：吕国刚

幅面尺寸：210mm×284mm
印　　张：3　　　　字数：60千字
插　　页：4
出版时间：2020年6月第1版
印刷时间：2023年6月第3次印刷
标准书号：ISBN 978-7-5315-8408-7
定　　价：58.00元

AR使用说明

1 设备说明

本软件支持Android4.2及以上版本，iOS9.0及以上版本，且内存（RAM）容量为2GB或以上的设备。

2 安装App

①安卓用户可使用手机扫描封底下方"AR安卓版"二维码，下载并安装App。

②苹果用户可使用手机扫描封底下方"AR iOS版"二维码，或在App Store中搜索"AR全景看·国之重器"，下载并安装App。

3 操作说明

请先打开App，请将手机镜头对准带有 AR 图标的页面（P13），使整张页面完整呈现在扫描界面内，即可立即呈现。

4 注意事项

①点击下载的应用，第一次打开时，请允许手机访问"AR全景看·国之重器"。

②请在光线充足的地方使用手机扫描本产品，同时也要注意防止所扫描的页面因强光照射导致反光，从而影响扫描效果。

丛书编委会

总 主 编 张 杰

分册主编（以姓氏笔画为序）

      刘 洪 张星臣 庞之浩 赵冠远 贾超为

编 委（以姓氏笔画为序）

      刘 洪 张 杰 张国际 张星臣 庞之浩

      赵冠远 胡运江 栗田平 贾超为 梁 严

      谢竞远 薄文才

主编简介

总主编

张杰：中国科学院院士，中国共产党第十八届中央委员会候补委员，曾任上海交通大学校长、中国科学院副院长与党组成员兼中国科学院大学党委书记。主要从事强场物理、X射线激光和"快点火"激光核聚变等方面的研究。曾获第三世界科学院（TWAS）物理奖、中国科学院创新成就奖、国家自然科学二等奖、香港何梁何利基金科学技术进步奖、世界华人物理学会"亚洲成就奖"、中国青年科学家奖、香港"求是"杰出青年学者奖、国家杰出青年科学基金、中科院百人计划优秀奖、中科院科技进步奖、国防科工委科技进步奖、中国物理学会饶毓泰物理奖、中国光学学会王大珩光学奖等，并在教育科学与管理等方面卓有建树，同时极为关注与关心少年儿童的科学知识普及与科学精神培育。

分册主编

刘洪：上海交通大学航空航天学院教授、博士生导师，主要研究方向为高超声速空气动力学理论研究、飞行器设计和飞行器多学科综合优化设计方法研究等。专著有《大飞机出版工程·民用飞机总体设计》，译著有《大飞机出版工程·飞机推进》《大飞机出版工程·航空发展的历程与真相》等。

张星臣：博士，北京交通大学交通运输学院二级教授、博士生导师，交通运输工程一级学科责任教授，北京交通大学高等工程教育研究中心主任，教育部高等学校教学评估委员会委员，教育部高等学校交通运输类专业教学指导委员会主任，中国工程教育专业认证委员会交通运输专委会主任。主要研究方向为铁路运输组织优化、城市轨道交通运营管理、高速铁路运输能力、现代综合交通体系等，主持完成国家自然科学基金项目、国家级863项目和省部级项目50多项，公开发表论文百余篇，出版《城市轨道交通运营管理》等著作多部，获国家级教学成果一等奖1项、二等奖2项，北京市教学成果特等奖1项、一等奖多项。

庞之浩：航天五院512所神舟传媒公司首席科学传播顾问，全国空间探测专业委员会首席科学传播专家，北京科普创作协会副理事长，中国科普作家协会常务理事，《太空探索》《知识就是力量》《中国国家天文》《科普创作》杂志编委，北京市海淀区少年科学院地球与空间领域学科专家。独自创作的《太空新兵》《航天·开发第四生存空间》分获科技部2013年、2014年全国优秀科普作品奖。参与创作的《梦圆天路》获2015年国家科技进步二等奖。还出版了《天宫明珠》《宇宙城堡》《登天巴士》《太空之舟》《探访宇宙》等书。撰写的《国外载人航天发展研究》情报研究报告获国防科工委科技进步三等奖。担任执行主编的《国际太空》杂志获国防科技信息三等奖。

赵冠远：博士，北京交通大学土木建筑工程学院副教授、研究生导师，主要研究方向为桥梁工程、结构抗震等。近年来主持包括国家自然科学基金项目等在内的科研项目10余项，在国内外刊物上发表高水平论文20多篇。

贾超为：黄埔军校同学会二级巡视员，国际战略问题和台湾问题专家。对世界航母发展有较深的研究，发表有《中国的百年航母梦》《世界航母俱乐部大盘点》等多篇专业论文，参与完成《不能忘却的伟大胜利》等多部电视专题片，出版专著《日台关系的历史和现状》。

序

我国科技正处于快速发展阶段，新的成果不断涌现，其中许多都是自主创新且居于世界领先地位，中国制造已成为我们国家引以为傲的名片。本套丛书聚焦"中国制造"，以精心挑选的六个极具代表性的新兴领域为主题，并由多位专家教授撰写，配有500余幅精美彩图，为小读者呈现一场现代高科技成果的饕餮盛宴。

丛书共六册，分别为《航空母舰》《桥梁》《高铁》《C919大飞机》《北斗导航》以及《人造卫星》，每一册书的内容均由四部分组成：原理部分、历史发展、应用剖析和未来展望，让小读者全方位地了解"中国制造"，认识到国家日益强大，增强民族自信心和自豪感。

丛书还借助了高科技的AR（增强现实）技术，将复杂的科学原理变成一个个生动、有趣、直观的小游戏，让科学原理活起来动起来。通过阅读和体验的方式，引导小朋友走进科学的大门。

孩子是国家的未来和希望，学好科技用好科技，不仅影响个人发展，更会影响一个国家的未来。希望这套丛书能给小读者呈现一个绚丽多彩的科技世界，让小读者遨游其中，爱上科学研究。我们非常幸运地生活在这个伟大的新时代，衷心希望小读者在民族复兴的伟大历程中筑路前行，成为有梦想、有担当的科学家。

中国科学院院士

目 录

第一章 | 天空中的飞机

自古以来，人类一直渴望在天空翱翔。人类没有鸟儿一样的翅膀，一些聪明人就造出了能在天上飞的机器，然后坐在里面——于是就有了飞机。飞机的诞生，不仅实现了人类飞天的梦想，也极大地影响乃至改变了人们的生活方式。

第一节
什么是飞机

> 能在天上飞的东西有很多，比如风筝、气球，还有飞艇、卫星等，有时候一阵风吹来，连纸屑都能在天上飘好一会儿呢。不过，这些能在天上飞的东西，我们不会管它们叫"飞机"。那么，飞机是什么呢？

1 飞机的定义

首先，它们比空气重；其次，它们装备了发动机，依靠发动机产生的推力或拉力前进；第三，机身上固定的机翼给飞机提供升力；最后，它们通常在大气层内飞行。满足这些条件的航空器，才叫作飞机。

推力

升力

重力

阻力

2 飞机的特征

如何把飞机跟别的航空器区别开来呢？比如说，面对着一艘飞艇或者一架直升机，你要怎么判断它是不是飞机？

这就要依据飞机的基本特征了。

飞机具有两个最基本的特征：第一，它本身的密度大于空气，并且由发动机的动力驱动前进；第二，它具有固定的机翼，固定在机身上的机翼可以给飞机提供升力。

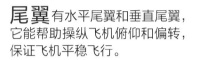

3 飞机的基本要素

大多数飞机主要由机翼、机身、尾翼、起落装置和动力装置、操纵装置组成，这也是飞机的基本要素。

机身与其他部位相连接，使得飞机能够成为一个整体。可以装载人员、武器、货物和其他设备等。

尾翼有水平尾翼和垂直尾翼，它能帮助操纵飞机俯仰和偏转，保证飞机平稳飞行。

机翼即飞机的翅膀，其主要功用是产生升力，以支持飞机在空中飞行，同时也起到一定的稳定和操作作用。

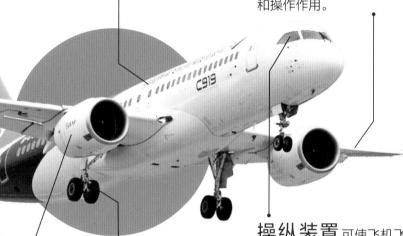

动力装置是飞机的心脏，能够产生拉力和推力，使飞机前进。其次，还可为飞机上的其他用电设备提供电源等。

起落装置即起落架，由减震支柱和机轮组成。飞机的起飞、着陆滑跑以及地面滑行全靠它。在飞机停放时，起落架也负责支撑飞机。

操纵装置可使飞机飞行时保持必要的姿态，分为主操纵装置和辅助操纵装置。

知识点 它们是飞机吗

飞艇和热气球都是航空器，但它们都不是飞机，因为它们的密度比空气要小；滑翔机虽然也带个"机"字，但它没有发动机，不靠动力驱动，只能在空中滑翔；经常有人把"直升机"叫成"直升飞机"，但直升机其实不是飞机，因为它的机翼不固定，它是靠机翼旋转产生升力的；同样靠机翼旋转提供升力的航空器还有旋翼机。

飞机的飞行原理

氢气球能飞上天，是因为它内部所充气体（氢气）的密度比空气要小，也就是说，它所受的浮力大于其自身重力。飞机比空气重得多，可它不但能在天上飞，还能载着我们飞抵世界各地。而比飞机轻的我们，却无法飞上天，这是为什么呢？

1 飞机是怎么飞上天的

飞机能飞上天，最大的功臣是机翼。

机翼的表面，上面微微隆起，下面则比较平；将机翼切开，观察它的横截面，你会发现它前端比较圆润，后端则很尖锐。当引擎推动飞机前进的时候，空气会在机翼的上、下产生压强差，机翼下方的压强大于上方的压强，这就产生了强大的升力（伯努利定理），使飞机克服自身重力起飞。

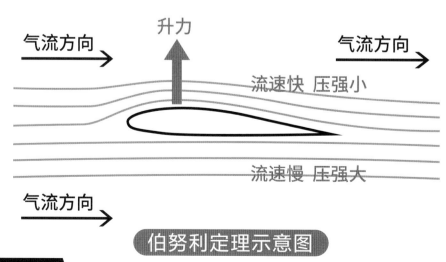

伯努利定理示意图

2 飞机是怎么前进的

　　飞机在空中行进依靠的是引擎，也就是航空发动机。早期在飞机或直升机上应用的是活塞式航空发动机，用于带动螺旋桨或旋翼。这种发动机可以通过螺旋桨的旋转，产生一个向前的拉力，从而带动飞机前进。

　　第二次世界大战结束后，喷气式航空发动机作为新发明占据了航空舞台。这种新型发动机是通过向后喷射强劲的气流使飞机获得前进动力的。

知识点

两个修自行车的人改变了世界

　　1903年12月17日，人类历史上第一架能够自由飞行，并且完全可以操纵的动力飞机试飞成功。这架飞机名叫"飞行者1号"，发明它的是美国的莱特兄弟。人类遨游蓝天的历史由此开始了。

喷气式航空发动机

中国古代的发明对飞机的产生起过重要作用，但中国的航空事业起步较晚，直到1949年中华人民共和国成立后，才从无到有、从小到大地发展起来。中国的航空事业真正腾飞是在20世纪90年代，如今，中国已跨入航空大国行列。

第一节
我们的飞行梦

我国可考证的最早的飞行器是风筝。据说墨子研究了三年，用木头制成了一只木鸟。著名工匠鲁班曾使用竹木制成可以飞上天的木鸢。

竹蜻蜓，西方学者称之为"中国陀螺"，被普遍视为现代旋翼机的雏形。

风筝被正式用于军事联络。

春秋战国

晋代

东汉

南北朝

著名科学家张衡也曾制造出能够飞翔的木鸟。

葛洪在《抱朴子》中提出了鸟类翱翔是由于上升气流托举的见解，这是对鸟类飞行原理的重要发现，包含了滑翔机的最初理论。

知识点

冯如（1883—1912），广东恩平人，中国第一位飞机设计师、制造者和飞行家，被誉为"中国航空之父"。他创办了第一家中国人的飞机制造公司，并于1909年带领助手们研制了中国第一架飞机。他提出的航空战略理论，为中华民族的航空事业和空军发展带来了深远影响。冯如把毕生精力都献给了祖国的航空事业。他的一生，是为中华民族崛起而奋斗的一生。

五代时兴起的孔明灯，是一种原始的热气球。

五代

1887年

天津武备学堂数学教习华蘅芳自行设计制造出了中国第一个氢气球。

留日归来的李宝焌、刘佐成在北京南苑建立了飞机制造厂棚，并于1911年4月造出了一架飞机。

1910年

辛亥革命后

一些有志于航空事业的爱国志士纷纷投身于此报效祖国，其中最有名的就是冯如。

第二节
我们的飞机

1949年11月11日，中国人民解放军空军正式建军，发展航空工业成为重要课题。1956年9月，我国第一个飞机设计室成立。1958年7月26日，我国自行研制的第一架军用飞机——由沈阳飞机制造厂设计制造的亚音速喷气式中级教练机歼教-1首飞成功。与此同时，我国的民航事业也在大踏步前进。经过几代人的自力更生、艰苦奋斗，中国正向着航空强国的目标奋进。

1 军用飞机

歼教-1试飞成功后，中国航空人全面开展了第二代歼击机的研制。1969年7月5日，我国自主设计制造的双发高空高速截击战斗机歼-8成功首飞。随后沈阳飞机制造厂在歼-8的基础上研制了歼-8Ⅱ飞机，并使这两种飞机实现了型号系列化发展。

1968年12月24日，安装了中国国产涡喷-8发动机的轰-6首飞成功，这是西安飞机制造厂参照苏联中型喷气轰炸机图-16仿制而成的。1969年轰-6批量投产。轰-6作为中国空军轰炸力量的核心，主要执行战术轰炸、侦察、反舰、巡逻监视等多种任务。

知识点

歼-8之父

顾诵芬，飞机空气动力学家。自1954年起，他先后承担歼教-1和歼教-6喷气式教练机的气动力设计工作，在国内首创两侧进气方案。1964年，他开始领导歼-8飞机的气动力设计工作。1976年，他开始参与歼-8飞机的设计工作。1981年，他成为歼-8Ⅱ飞机的总设计师。因其对歼-8系列飞机的重大贡献，被誉为"歼-8之父"。

2 民用飞机

21世纪新一代支线喷气机，简称ARJ21，是由中国商用飞机有限责任公司按照国际标准研制的新型涡扇支线飞机，由我国自主研发设计。ARJ21虽然只是一款70座的支线飞机，却对我们培育大飞机的技术能力给予了长期不懈的支持。2007年12月21日，首架ARJ21-700飞机在上海飞机制造厂总装下线。2018年3月，ARJ21在冰岛凯夫拉维克国际机场进行了大侧风试飞。2019年10月26日，ARJ21飞机首条国际航线成功开通，国产支线喷气客机商业运营实现了新跨越。

知识点

支线飞机

支线飞机是指座位数在50～110座之间，飞行距离在600～1200千米的小型客机。支线飞机主要用于承担局部地区短距离、小城市之间、大城市与小城市之间的旅客运输。支线航空是航空运输业的一个重要组成部分，是20世纪60年代才开始兴起的，不过发展速度很快。

新舟700飞机研制项目是由中航工业集团主持、中航工业西飞集团公司承担的新一代涡桨支线飞机项目。西飞集团公司从2006年开始论证，2018年1月，新舟700飞机项目研制进入工程发展阶段，2019年顺利下线。这种先进飞机未来将全面拓展欧美市场，参与全球市场竞争。

第三章 | 国产大型客机C919

C919大型客机是我国按照国际民航规章自行研制、具有自主知识产权的大型喷气式民用飞机，是与波音、空客分享市场的主力机型。借助这个项目，我国航空人逐步搭建起产品开发平台，并提高了综合技术能力。2017年5月5日C919首飞成功，标志着中国高端制造业取得了历史性的突破。

党的十九大报告中指出，"基本实现社会主义现代化"的目标内涵，首要的就是中国经济实力、科技实力大幅跃升，跻身创新型国家前列。创新是引领发展的第一动力,飞机制造业的崛起和产业化，最能体现出我国创新型国家发展战略，这是实现中华民族伟大复兴的基础。

1 C919

2006年，大型飞机重大专项被确定为16个重大科技专项之一。2008年，中国商飞公司在上海召开大型客机项目论证动员大会。2015年，C919大型客机首架机正式总装下线。2017年5月5日，C919成功首飞。其类型属于中短程双发窄体民用运输机，虽是单通道飞机，但在中国飞机史上却属于大飞机。

2 空客A320

A320系列飞机是欧洲空中客车工业公司研制的单通道双发中短程150座级客机，也是第一款使用数字电传操纵飞行控制系统的商用飞机。这一系列的成功，奠定了欧洲空中客车工业公司在民航客机市场中的地位，打破了美国垄断客机市场的局面。

3 波音737

波音737系列飞机是美国波音公司生产的一种中短程双发喷气式客机，是民航历史上最成功的窄体民航客机系列之一，目前已发展出14个型号。波音737主要针对中短程航线的需要，并不适合进行长途飞行。

知识点

抢手的C919

2010年11月15日，C919大型客机1：1展示样机在珠海航展上首次展出，获得100架启动订单。截至2018年3月6日，C919已获得国内外28家客户，累计订单815架。未来，会有命名为"929""939"的国产大飞机，相信会在国内外市场取得更大成功。

第二节
艰苦的研制历程

2013年,C919大型客机铁鸟试验台正式投用,C919项目系统验证工作正式启动。同年,C919首架机机头在中航工业成飞民下线。

2009年,中国商飞公司正式发布首个单通道常规布局150座级大型客机C919。选定CFM公司研发的LEAP-XIC发动机为C919启动动力装置。

2013

2011

2009

2011年,C919转入详细设计阶段。

2015年，CFM国际公司首台CFM LEAP-1C发动机完成并交付。同年，C919大型客机首架机在浦东基地正式总装下线。

2015

2017

2017年，C919在上海浦东国际机场成功首飞，带着中国进入一个新的时代。

2014年，C919的前机身段、中机身部段、中后机身段相继下线，中机身/中央、副翼部段及后机身的前段后段亦相继完成交付。

知识点

为什么叫C919

C919的"C"具有双重含义："中国"的英文名称"China"的首字母为C；研制这款飞机的中国商飞公司英文缩写为"COMAC"，首字母也是C。而919这个代号，第一个"9"的寓意是天长地久，"19"代表的是中国首型中型客机最大载客量为190座。

第三节
C919的领先技术

C919是我国拥有完全自主知识产权的干线飞机，从机头、机身、机翼到翼吊发动机等设计均由中国自己的团队完成，实现了100多项关键技术的攻关突破。和国际上同级别的主流机型相比，C919采用世界一流供应商提供的最先进的动力、航电、飞控等系统，完全按照国际适航标准设计生产，安全性有了更充分的保障。

1 机身的先进材料

C919的机身采用了大量的先进复合材料、第三代铝锂合金等，其机身材料选择标准有两项：一是符合飞机不同部位的设计准则，主干材料体系基于当前先进客机使用的主流产品，既要求高强度，又要求高韧性；二是为保障飞机未来投入航线运营的可靠性和易维修性，在抗疲劳、耐腐蚀等方面的要求更高。要想兼顾就需要不断研究。

知识点　　C919在材料领域的里程碑

在C919飞机上，针对主要结构件的不同要求，中国商飞公司分别选取了碳纤维复合材料、第三代铝锂合金以及钛合金这三种主要的航空新材料。碳纤维增强树脂基复合材料的用量，达到机体结构重量的11.5%；第三代铝锂合金，其机体结构重量占比达到7.4%；另外，C919中钛合金的运用份额达到9.3%。

⚙ 先进的复合材料

C919在制造上选用的复合材料，主要运用在方向舵等次承力结构和飞机平尾等主承力结构上，包括雷达罩、机翼前后缘、活动翼面、翼梢小翼、翼身整流罩、后机身、尾翼等部件。其中，尾翼主盒段和后机身前段使用了先进的第三代中模高强碳纤维复合材料，主承力结构、高温区、增压区使用复合材料在国内民用飞机研制中也属首次。

⚙ 铝锂合金材料

铝锂合金是新一代飞机较为理想的结构材料，具有密度小、强度高且损伤容限性优良等特点。C919大型客机采用的是第三代铝锂合金，机身蒙皮、长桁、地板梁、座椅滑轨、边界梁、客舱地板支撑立柱等部件都使用了该材料，其机体结构重量占比达到7.4%，获得综合减重7%的收益，在国际上属于领先水平。

⚙ 钛合金材料

钛合金作为一种轻金属材料，在民用飞机上的运用率正在不断增大。在C919大型客机中，中国商飞公司的规划团队也选用这种新型轻金属材料，主要用于机身的关键承力件，包括机身蒙皮、机身机翼、机翼滑轨、液压燃油高压管路体系等部位。C919大型客机选择了6个钛合金牌号，类别包括低强高塑性、中强中韧、中强高韧、高强高韧及系统用材等。

领先的四面挡风设计

　　C919采用四面式风挡。它的风挡面积大，视野开阔，减少了飞机头部气动阻力，但是工艺难度相对较大，制造工艺复杂，成本较高。一般客机在外形设计上，风挡只是一块维护外形、不参加整体受力的玻璃，而C919为了进一步减重，更具流线型，采用了"承载式风挡"，让风挡也参与受力，这属于国际上比较先进的设计。

C919四面式风挡

波音737六面式风挡

空客A320六面式风挡

2 高技术含量的机翼

　　C919的机翼设计运用了超临界翼型，机翼接近36米长，除了装有起落架之外，还能储存燃油；超临界机翼与发动机、机身和吊挂之间还采用了性能更为优化的局部融合设计。这些设计进一步提高了C919的经济性和安全性。

⚙ 小而精的翼梢小翼

　　C919有一对像鲨鱼鳍、与机翼浑然一体的翼梢小翼，这是它的显著标志之一。这对翼梢小翼，采用的是国际先进的融合式设计，即机翼主翼面和小翼成自然过渡，而不是两个独立的部分。这样的设计可以减少飞行阻力，提高飞行速度，并且在不明显增加飞机重量的前提下，使飞机降低3.5%的燃油消耗，此外还可以有效缓解地面噪声。

翼梢小翼

⚙️ 增升装置

　　高效的增升装置是现代大型飞机研制的关键技术之一。C919在研制过程中应用了中国最先进的技术，使用风洞进行了增升装置构型半模低速风洞试验验证，还使用"天河二号"超级计算机进行了高精确度外流场空气动力参数的运算，并使用"魔方"超级计算机对C919的增升装置设计进行了精细气动优化，确定出飞机的先进气动布局。

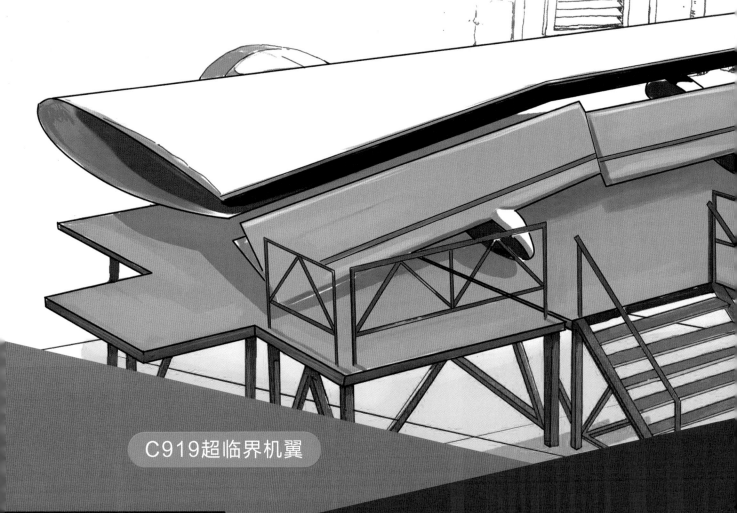

C919超临界机翼

⚙ 超临界机翼

　　超临界机翼是一种特殊翼型的机翼。超临界机翼前缘较普通翼型钝圆，上表面平坦，尾部有曲线。飞机飞行时，气流绕过普通翼型前缘时速度增加较多，在翼型上表面流速继续增加。翼型厚度越大，上表面越向上隆起，速度增加也越多。超临界翼型扁平的设计使得气流变化幅度较小，比普通翼型更适合高速巡航飞行。

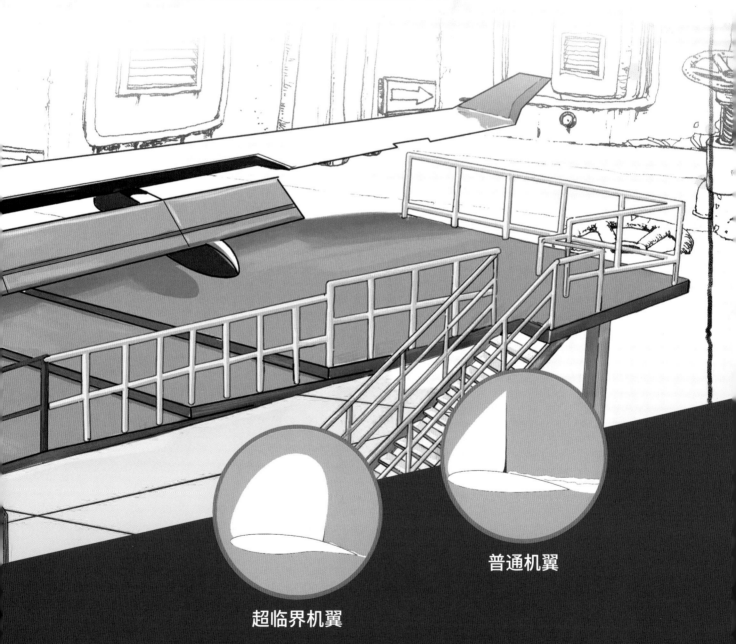

超临界机翼

普通机翼

3 自主研制的动力装置

发动机是飞机的心脏。民用航空发动机要求耗油率尽可能低，而且要拥有寿命长、可靠性高的优点，此外还得具有维修便捷以及燃气排放污染小等特点。CJ-1000AX是我国自主研制的大型客机发动机验证机，由中国航发商用航空发动机有限责任公司负责研制。2018年，CJ-1000AX首台整机在上海点火成功，核心机转速最高达到6600转/分钟。

国产CJ-1000A发动机

⚙ CJ-1000A发动机

　　CJ-1000A发动机是我国第一款商用航空发动机产品，是装配国产大飞机的唯一国产动力装置。在风扇与低压压气机的气动效率上，CJ-1000A已达到了第四代大飞机发动机的性能指标，但在材料应用上，CJ-1000A与LEAP-1C型发动机相比有明显差距，仅相当于国际第三代大飞机发动机的风扇材料水平。

A.活塞式发动机

活塞式航空发动机是给航空器提供飞行动力的往复式内燃机，由汽车的活塞式发动机发展而来，都是多气缸发动机。它主要由曲轴、连杆、活塞、气缸、气门机构和机匣等部件组成。自飞机诞生以来，到第二次世界大战末期，所有飞机都用活塞式航空发动机作为动力装置。后来，在军用飞机和大型民用飞机上，它逐渐被燃气涡轮发动机所取代。

燃气涡轮发动机

B.冲压喷气发动机

　　冲压喷气发动机，简称"冲压发动机"，是喷气发动机的一种，是适用于高空高速飞行的空气喷气发动机。它通常由进气道（即扩压器）、燃烧室、推进喷管三部分组成，构造简单、重量轻、推重比大、成本低。冲压发动机没有压气机，不能在静止的条件下启动，所以不宜作为普通飞机的动力装置，而常与别的发动机配合使用。

C.燃气涡轮发动机

　　燃气涡轮发动机是一种能把燃料的化学能转化成内能再转化成机械能的机械动力装置。燃气涡轮发动机主要由进气道、压气机、燃烧室、涡轮、尾喷管等部分构成。主要类型有涡轮喷气发动机、涡轮风扇发动机、涡轮螺旋桨发动机和涡轮轴发动机。燃气涡轮发动机是目前应用最广泛的航空发动机，是20世纪50年代以来主要的航空动力装置。

4 生命的支点——起落架

　　起落架是飞机不可或缺的一部分，是唯一支撑整架飞机的部件，具有承力兼操纵性，在飞行器安全起降过程中担负着极其重要的使命。起落架是飞机起飞、着陆、滑跑、地面移动和停放所必需的支持系统，其性能的优劣直接关系到飞机的使用与安全。

⚙ 飞机上的"大力水手"

　　C919最大起飞重量近80吨，起落架要在高速起落条件下支撑起将近自身重量40倍的飞机，这对起落架所用材料的抗冲击性、抗疲劳强度、韧塑性等有很苛刻的要求。

⚙ 工艺复杂的起落架

宝钢成功研制出了C919起落架需要的大型钛合金棒材、等温锻件。起落架系统由中航飞机起落架有限责任公司与德国利勃海尔公司共同研制而成。

知识点

前三点式起落架

飞机起落架是供飞机在地面起飞、降落、滑行和停放时使用的部件，可分为前三点式、后三点式、自行车式。目前绝大多数飞机上都采用前三点式的起落架。其结构为：两个主轮作为支点对称地安装在飞机重心后面，前轮作为第三个支点，位于机身前部，尾部通常还装有保护座。其优点是地面运动的稳定性好、容易操纵；缺点是前起落架承受的载荷较大。

⚙️ 模锻压机

大型模锻压机主要用于对铝合金、钛合金、高温合金、粉末合金等难变形材料进行热模锻和等温超塑性成型，是航空、航天及其他重要机械生产重要锻件的关键设备。

大型模锻压机是衡量一个国家工业实力的重要标志。有了它，航空、航天、海洋工程、深部开采等各行业需要的性能最高的、尺寸最大的、结构最复杂的构件都能完成，而且可以一次性成型。

隶属中国第二重型机械集团德阳万航模锻有限责任公司的大型模锻压机达8万吨，号称世界"重装之王"，压机尺寸、整体质量和最大单件重量均为世界第一。C919的部分锻造件就是由德阳万航模锻有限责任公司生产制造的，并且基本都是关键的部件，比如起落架。"重装之王"的存在，标志着我国航空工业的大型模锻件需求可以做到自给自足，对实现大型模锻产品的自主保障具有重要的意义。

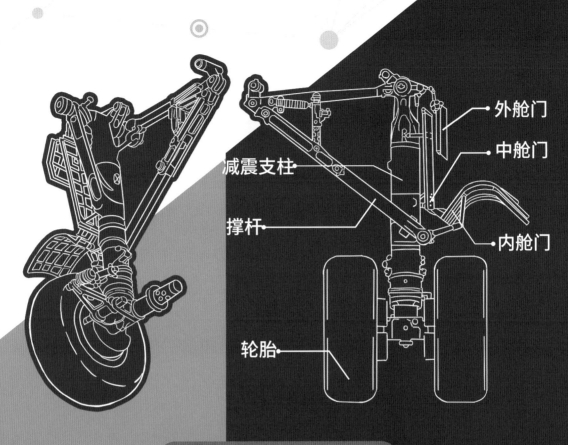

外舱门
中舱门
内舱门
减震支柱
撑杆
轮胎

C919起落架减震装置

⚙ 起落架减震装置

起落架减震装置由轮胎和减震器两部分组成。它的功用是减小飞机在着陆接地和地面运动时所受的撞击力，并减弱飞机因撞击而引起的颠簸跳动。

现代飞机上应用的减震装置是油气式减震器和全油液式减震器。油气式减震器主要依靠压缩空气受压时的变形来吸收撞击能，并利用油液高速流过小孔的摩擦发热来消耗能量；全油液式减震器是利用某些液体在高压下产生的压缩变形来吸收撞击能，减震效率高、尺寸小、重量轻。

5 精益求精的尾翼

　　C919的垂直尾翼包括垂直安定面和方向舵，除重要的连接接头为钛合金零件外，绝大部分零部件均为复合材料结构。C919垂直尾翼的装配生产线按照国际标准，采用国际招标的方式建设了数字化、自动化的装配线，在生产线的建设中大量应用了国际先进的装配技术。

⚙ 尾翼的加工

　　在C919的尾翼加工过程中，使用了大量的先进技术。首先是采用模型的数字化定义（MBD）技术进行了工装设计和工装的模块化，大大提高了工装的制造进程和制造质量；其次是在C919垂尾生产线的设计过程中，最终选择MRP自动制孔机器人设备，极大地提高了制孔和铆接质量；第三是在C919垂尾生产线中，根据产品数模中给定的数据，利用3DCS尺寸控制软件，输出零件容差要求和工装容差要求，保证产品制造与装配最终符合工程设计的要求。

⚙️ 尾翼的种类

尾翼是飞行控制系统的重要组成部分，安装在飞机尾部，可以增强飞行的稳定性。尾翼一般分为垂直尾翼和水平尾翼，也有少数飞机采用V形尾翼。

垂直尾翼简称"垂尾"或"立尾"，由固定的垂直安定面和可动的方向舵组成。根据垂尾的数量，可分为单垂尾、双垂尾、三垂尾和四垂尾。

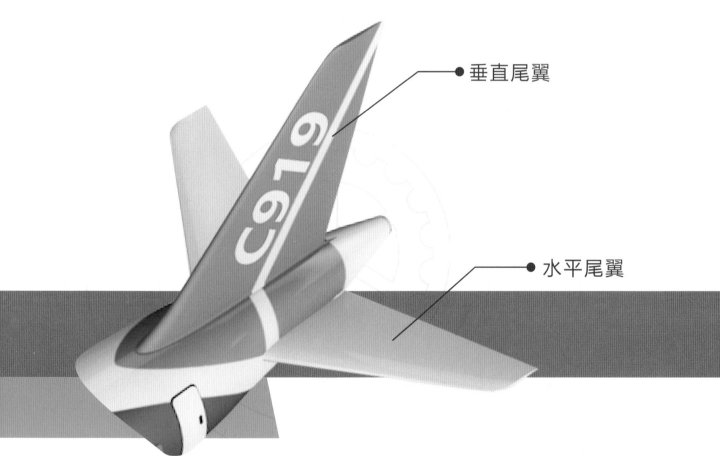

垂直尾翼

水平尾翼

水平尾翼简称"平尾"，左右对称地布置在飞机尾部，基本为水平位置。平尾按相对于机翼的上下位置不同，大致分为高平尾、中平尾和低平尾三种形式。

6　普通又神秘的幕后工作

作为中国首架具有完全自主知识产权的大型客机，C919背后凝聚着几代航空人的青春与付出。全机数百万个零部件中，80%都是我国第一次设计生产，从最初的预研到最终形成产品，凝聚着无数人的心血。这些人都是C919成功背后的幕后英雄。

⚙ 王巍

王巍，中国航空工业特级技能专家，航天海鹰装配制造技术中心主任。1992年毕业于沈飞技校，2015年被航天海鹰作为特聘专家引进公司，负责C919大型客机后机身后段的装配任务。时间紧、任务重、没有外界支援，而且80%以上的部分需要手工铆接，王巍凭借着自己发明的直角垂直钻孔技术，成功解决了复合材料铆装和制孔难题；通过研发数字化制造技术、优化检验工序，装配周期缩短了30%，产品开发周期缩短了40%~60%，成本降低了30%以上。2018年，王巍当选为第十三届全国人大代表；2019年，他被评为江苏省优秀共产党员。

⚙ 白瑞祥

白瑞祥，大连理工大学工程力学系副教授，博士生导师。2011年，大连理工大学成为中国商用飞机有限责任公司固定合作单位，从C919正式研发启动到首飞成功，白瑞祥团队先后承担并圆满完成了C919加筋壁板结构、垂尾盒段结构以及尾翼前缘抗鸟撞等结构的承载能力检测和力学性能计算评估等五项课题。在C919飞机尾翼结构前缘承载能力试验中，团队创造性地设计了加载拉压垫和分力杠杆系统，使试验加载具有更高的精度。白瑞祥团队不仅为我国航空事业发展做出了贡献，还在科研攻关中培养了优秀学生，他们将继续为我国航空事业挥洒青春和汗水。

　　我们国家有特殊的大国效应，我们拥有十四亿人口的巨额市场，民用飞机工业的发展有着广阔的前景。C919的正式下线，标志着我国高端制造业方面取得了一个历史性突破。从此，中国工业发展从沉溺于低端经济活动开始奋起向高端爬升。

第一节
国产大型客机CR929

CR929宽体客机是中俄两国企业的重大战略性合作项目。2017年，中国商飞公司与俄罗斯联合航空制造集团公司合资成立了中俄国际商用飞机有限责任公司，公布将研制远程宽体客机CR929。2018年珠海航展上，CR929的展示样机首次公开亮相，标志着项目研制取得了重要进展。目前CR929宽体客机已经完成模型阶段性风洞试验，预计2021年开工建造。

我国目前的航空实力只能排在全球第七位。根据国家民航部门的规划，未来20年，我国要新建100个以上的支线机场，50个以上的区域枢纽机场，30个国际机场。2030年之前，我国不仅要实现每个地级市都有机场，还要实现30%以上的县开通机场，组成一个超级强大的航空网络。每个省拥有3个以上的国际机场，5个以上的区域枢纽机场，10个以上的支线机场，还有20个以上的县级机场。这就是我国航空的"1235"规划。针对这一规划，国家提出了"一心、两融、三力、五化"的"1235"新战略。航空工业的崛起，是我国的工业化和信息化建设方面很重要的一步，也是基本实现社会主义现代化的基础。

B-9947   AIRBUS A321

第三节
庞大的航空市场

　　航空市场已成为世界经济发展的一个重要领域。中国有特殊的大国效应，市场庞大。我国航空产业正处盈利大周期，民航业营业收入自2009年以来一直处于正增长，近几年增速稳定在4%左右。

　　随着民用航空快速发展和国防现代化步伐加快，中国对大型飞机的需求日益紧迫。自主研制大型飞机，发展有市场竞争力的航空产业，对于转变经济增长方式、带动科学技术发展、增强国家综合实力和国际竞争力、加快现代化步伐，具有重大意义。

　　大飞机产业是航空工业的重要组成部分。大飞机的研发制造，势必带动整个产业链的同步大发展。原材料、机械装备、电子及仪器仪表、金融服务、民用航空、航空物流等相关产业都将迎来重大发展机遇。